少年科学DIY
解码绿色世界

段伟文　主编

科学普及出版社

·北 京·

《少年科学DIY》丛书导语

当你第一次用双手改造事物时，你就给这个世界带来了一份改变的力量。从沙滩上堆起的城堡，到积木拼出的机器人，你一定从中体会到了构造之美与组合之奇。但还有一种更强大的创造性的活动，它源于我们对万物的惊讶，正是这种惊讶，激发我们去猜测、去探寻，甚至去冒险，让我们像魔法师一样，把手伸到世界的背后，让整个大陆铁马奔腾，让"嫦娥"飞越"玉兔"……

这种超酷的活动就是科学。科学是什么？最简单的答案就是：想、看和做。科学不是被动地记录世界万物和过程的摹写与拍摄，而是为了帮助人们更好地生存而展开的尝试与探索；科学不单单是苦心孤诣的公式推演与理论构造，而更多的是由无数"动手思考"的过程构成的探究之旅。

学习和掌握科学的根本方法必然是探究式的，把握科学思想、方法和精神的最佳途径应该是"自己动手、探索世界"。

目 录

随光起舞

说起植物的"脾气"，大家一定会想到向光性。通过观察，人们发现高等植物的茎的生长会向光弯曲，称为正向光性。把花盘朝向太阳的向日葵就是最典型的具有正向光性的植物。一般认为，高等植物的正向光性与生长素分布有关，也就是说，光线能使生长素在背光一侧比向光一侧分布多，因此背光一侧比向光一侧生长得快，使植物的茎呈现出正向光性。除了正向光性外，有研究发现，一些植物的茎的生长会向背光一面弯曲，称为负向光性；还有些植物的器官具有与射来的光线垂直的特性，称为横向光性。

对于导致向光性的原因，科学家提出了很多假说，至今尚无定论。下面，我们自己动手来研究一下这个司空见惯的现象吧。

探索风向标

植物向光性生长的观察

假说猜猜猜

植物有向光性生长的性质。

信息搜搜搜

到图书馆查阅或上网检索植物生长的向光性、向重力性、向水性及植物的生理钟现象。

实验巧设计

我们通过一个简单的实验验证植物向光性生长的存在。

材料来报到

蚕豆种子5粒

仪器齐上阵

1 1只小塑料杯

2 少量花肥

3 1个纸盒（在其顶部的一侧开直径1厘米左右的孔）

程序ABC

1. 将小塑料杯盛满花肥，种上蚕豆种子。
2. 放在阳光充足的室内窗台上，勤浇水，使蚕豆种子萌发。
3. 待蚕豆幼苗生长至5厘米左右时，用如图所示的纸盒罩住。
4. 放回原处，使蚕豆幼苗继续生长。
5. 2天后拿开纸盒观察。

实验结果 我们会发现蚕豆幼苗向着小孔的方向生长。

小小研讨会

当我们用纸盒罩住蚕豆幼苗时，仅有小孔的地方透光。因为植物有向光性生长的特点，所以它就会向小孔的方向弯曲。

头脑小风暴

1 如果我们观察后，再将盒子有孔的一侧调换一个方向，过几天观察会有什么结果呢？

2 请你认真地思考一下，植物的根会有向光性吗？如果告诉你荠菜的根有负向光性，你能设计出一个小实验来证明它吗？

3 怎样知道植物表现向光性时，光的感受部位在哪里呢？

我们生长靠太阳，你们学习靠书籍。

单盐毒害真不浅

植物生长除了阳光、空气、水分之外，还需要吸收各种矿物质，矿物质的主要成分是无机盐。植物生长需要很多元素，需要量较大的称为大量元素，如氮、磷、钾。需要量较小的元素称为微量元素，如铜、铁、锌。

根据植物生长的需要，可以将不同的无机盐按照一定的比例配成溶液。把植物种到这种营养平衡的溶液中，植物就可以健康成长，这就是无土栽培。你也许会问，如果营养液中的无机盐单一，就像人偏食一样，是不是会无法健康成长？

事实还真是这样。如果将植物培养在只含有一种金属离子的溶液中，即使这种离子是植物生长发育所必需的，如钾离子，而且在培养液中的浓度很低，植物过不了多久就会死掉。原因何在呢？科学家们经过研究发现，培养在只含有一种金属盐类溶液中的植物，很快会在身体中积累大量金属离子，使植物出现根部停止生长、细胞破坏等不正常现象，最后导致植物死亡。这种由于溶液中只含有一种金属离子而对植物起毒害作用的现象就是单盐毒害。

探索风向标

植物吸收无机盐的单盐毒害现象

信息搜搜搜

到图书馆或网上搜集关于无土栽培的原理和技术；植物生长需要哪些微量元素，缺素症是怎么一回事。

实验巧设计

我们通过设计对比实验来验证植物萌发时受单盐毒害的现象。

材料来报到

1. NaCl 溶液（称取 6 克 NaCl，溶解于 50 毫升蒸馏水内）
2. CaCl$_2$ 溶液（称取 14 克 CaCl$_2$，溶解于 50 毫升蒸馏水内）
3. 蒸馏水 500 毫升
4. 小麦种子少许

仪器齐上阵

1. 3个盛溶液的小烧杯
2. 3个小瓷盘
3. 3张能够吸水的纸

程序ABC

1. 在 3 个小瓷盘里铺上吸水纸。

2. 分别配制三种溶液：第一种为 5 毫升 NaCl 溶液 +95 毫升蒸馏水；第二种为 5 毫升 $CaCl_2$ 溶液 +95 毫升蒸馏水；第三种为 5 毫升 NaCl 溶液 +5 毫升 $CaCl_2$ 溶液 +90 毫升蒸馏水。

3. 用这三种溶液分别润湿三个小瓷盘里的吸水纸，在每个瓷盘中放几粒小麦种子。

4. 放到温暖的室内，使小麦种子萌发。

5. 注意经常添加溶液，保持吸水纸湿润，并注意不要加混不同的溶液。

6. 观察小麦幼苗根的生长情况。

实验结果

我们发现：只用 NaCl 溶液或只用 $CaCl_2$ 溶液的小麦幼苗的根生得很短，而同时用两种溶液的小麦幼苗的根生得很长。

小小研讨会

通过以上小实验我们知道，单独的 NaCl 或 $CaCl_2$ 都会使植物发生单盐毒害，而两种盐离子都存在时，就可以消除这种毒害现象。

头脑小风暴

请你试着用 KCl 代替 CaCl2 重复上面的实验,看看结果会怎样。

叶片中飘出的氧气

你见过制氧工厂巨大的球形氧气容器吗？人只能消耗氧气而不能产生氧气，工业制氧的原理就是用压缩冷却的办法从空气中提取氧气。空气中的氧气又从何而来呢？答案是那些绿色的植物叶片。

植物叶片是通过光合作用来制造氧气的。光合作用是绿色植物利用叶绿素等光合色素，在可见光的照射下，将二氧化碳和水转化为有机物，并释放出氧气的过程。有些细菌也能进行特殊的光合作用。

这个过程的主角是叶绿体。叶绿体在阳光的作用下，把经由气孔进入叶子内部的二氧化碳和由根部吸收的水转变成淀粉等能量物质，同时释放出氧气。正是成千上万的叶片向空中释放的这些氧气，使地球上的动物得以繁衍生息。

探索风向标

植物光合作用的产物之一——氧

假说猜猜猜

自养生物和异养生物以及光合作用的重要意义。

实验巧设计

我们可以利用氧气不溶于水的性质收集绿叶产生的氧气，然后利用氧气助燃的性质进行鉴定。

信息搜搜搜

到图书馆或上网搜集自养生物和异养生物以及光合作用的知识信息。

材料来报到

1. 一小段带有叶片的植物的枝条
2. 卫生香
3. 水

仪器齐上阵

1. 烧杯
2. 塑料管
3. 吸管
4. 试管
5. 试管夹

10

1 烧杯里盛满水，将带有叶片的枝条浸入水中，放到有阳光的地方。

2 用塑料管向烧杯内吹气。

3 过一小会儿，会发现枝条的叶面上沾满了小的气泡。

4 将试管倒插入水中，用吸管吸取叶面上的气泡，轻轻放到试管口处，使气泡跑进试管里。

5 收集一定量的气体后，轻轻拿出试管，用点燃的卫生香接触试管口，仔细观察出现的现象。

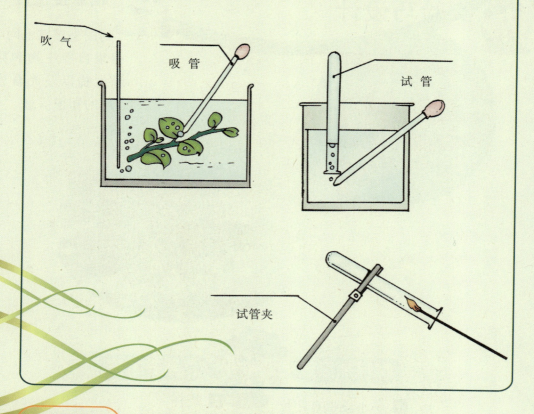

吹气

吸管

试管

试管夹

实验结果 我们会发现卫生香突然变得很亮，并持续明火燃烧了一会儿。

在光照的作用下，水底的叶片经过光合作用产生了氧气，在水里形成了气泡；点燃的卫生香接触试管口，在氧气的作用下卫生香剧烈燃烧，突然变亮。

1 在实验的过程中，为什么用塑料管向烧杯内吹气？

2 水中的绿藻能进行光合作用吗？如果能，它们利用的二氧化碳从何而来？

3 收集氧气的试管拿出水面来时，试管口应该向上还是向下？

有了我的存在,植物才可以通过光合作用产生氧气。

叶绿体

氧气

水分大逃亡

花草树木都需要大量的水分才能生长。给花浇水的时候，我们一定会问，它们吸收的水分都上哪里去了？简单地讲，植物身体里的水分跟我们洒在地面上的水分类似，都会蒸发到空气中，这就是我们要研究的蒸腾作用。因为水分以水蒸气的形态释放，所以这个过程一般是不容易观察到的。

幼小的植物暴露在空气中时，整个植物体表面都能蒸腾水分。长大以后，这个功能主要靠叶片完成。在蒸腾作用中，水分的主要路线图是：土壤中的水分→根毛→根内导管→茎内导管→叶内导管→气孔→大气

对于植物来说，蒸腾作用起到了一种类似抽水机的作用。它使植物身体中产生了吸收和运输水分的动力，让无机盐向上运输的速度更快。更有意思的是，它像我们人体出汗一样，可降低植物的体温，为在阳光下进行光合作用的叶子防暑降温。

植物通过蒸腾作用散发出大量的水分。一株玉米从长出幼苗到收获，需要消耗 200 多千克的水。适当地抑制蒸腾作用，可减少水分消耗，对植物生长也有利。在蔬菜等农作物种植中，采用喷灌可提高空气湿度，减少蒸腾，比通过土壤灌溉提高的产量更多。

探索风向标

植物的蒸腾作用

假说猜猜猜

　　如果植物进行蒸腾作用，那么我们通过检验它排出的水蒸气就可以察觉到蒸腾作用的存在。

信息搜搜搜

　　到图书馆或上网搜集生长在不同环境中的植物蒸腾作用的效率和不同植物对环境的适应性。

实验巧设计

　　我们通过观察蒸腾作用排出的水蒸气验证蒸腾作用的存在。

材料来报到　　　　　　　　**仪器齐上阵**

1盆植物（如菊花）　　　　1个较大的塑料保鲜袋

程序ABC

1. 在天气晴朗的午后,给1盆植物浇足水后用塑料保鲜袋套住整个植株。
2. 将这盆植物放在户外阳光下。
3. 几小时后,观察塑料保鲜袋内是不是有水珠产生。

实验结果 3~4小时后,我们可以观察到塑料方便袋上有水珠产生。

小小研讨会

植物经过蒸腾作用,将体内的水分以水蒸气的形式散失到体外,当水蒸气遇到塑料保鲜袋时,由于塑料保鲜袋上的温度较低,水蒸气就会凝结成小水珠。

1 在本实验中，是什么外界条件影响了蒸腾作用的效率呢？

2 你能说出给这盆植物浇足水的原因吗？

3 蒸腾作用可以降低叶面的温度，你能设计一个实验证明它吗？

4 你知道为什么在移栽幼苗时需要去掉一部分枝叶吗？

绿色糖厂

在植物的绿叶中，有很多微小的"糖厂"，要是你能变成可以在叶子中自由穿行的小精灵，一定能闻到那些刚生产出的糖散发出的甜香。

除了产生氧气之外，光合作用的主要产物是碳水化合物，其中包括单糖、双糖和多糖。单糖中最普遍的是葡萄糖和果糖；双糖是蔗糖；多糖则是淀粉。在叶子里，葡萄糖常转变成淀粉暂时贮存起来。但有些植物如葱、蒜等的叶子在光合作用中不形成淀粉，只产生糖类。此外，光合作用的产物还有类脂、有机酸、氨基酸和蛋白质等。

光合作用制造的有机物，除一部分用于植物自己生长和消耗外，大部分被输送到植物体的种子、根茎等部分储存起来，这些营养物质养育了地球上的动物和人类。

探索风向标

光合作用的产物

假说猜猜猜

淀粉是光合作用的主要产物。

信息搜搜搜

到图书馆或上网搜集光合作用的原理以及目前关于光合作用知识的新进展。

实验巧设计

我们利用淀粉遇到碘酒变蓝的性质和通过对比实验来证明光合作用的产物是淀粉。

材料来报到

1. 1株生长良好的菜豆幼苗
2. 少许碘酒
3. 100毫升酒精

仪器齐上阵

1. 酒精灯
2. 4个200毫升烧杯
3. 铁架台
4. 石棉网

煮沸酒精时一定要防止酒精溅出来，否则会发生燃烧甚至引发火灾，建议采用水浴法加热酒精，并在老师指导下进行。

程序ABC

1. 拿1张锡箔纸包住菜豆的1片叶片。
2. 过2~3天摘下这片叶子，做好标记；并同时摘下另一片未经处理的叶片，也同样做好标记。
3. 将这2片菜豆叶子分别投入正在煮沸的酒精中，煮至叶片失去颜色。
4. 从冷却的酒精中取出叶片，分别将其放在含碘酒的溶液里显色，过一段时间，取出叶片，用清水洗去残留液。观察结果。

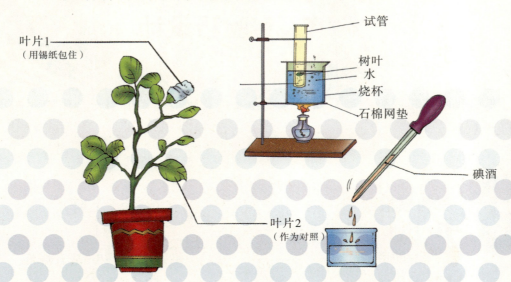

叶片1
（用锡纸包住）

试管
树叶
水
烧杯
石棉网垫

碘酒

叶片2
（作为对照）

实验数据　我们发现未经处理的叶片变为蓝色；而包有锡箔纸的叶片不显蓝色。

未经处理的叶片由于光合作用产生淀粉，淀粉遇到碘酒变为蓝色；而包有锡箔纸的叶片由于没有见光，不发生光合作用，也就不能生成淀粉，故叶片不显蓝色。

头脑小风暴

除了光照之外，影响光合作用的因素还有哪些？

微妙的生态平衡

我们所生活的地球是一个完整的生态系统。在这个巨大而复杂的系统中，各种生命体与各种非生命物质组成相互联系、相互作用、共同存在、不断变化，经过千百万年的演化，形成了一个彼此依存、相互制约的统一综合体。当一个生态系统内各组成成分之间保持一定的比例关系，能量、物质的输入与输出在较长时间内趋于相等时，生物种类的组成和数量比例相对稳定，非生物环境也保持相对稳定，生物之间和生物与环境之间出现高度的相互适应，这时的生态系统就达到了生态平衡状态。

生态平衡是一种动态平衡，生态系统在一定变化范围可以通过自我调节维持生态平衡。但如果生态系统的某一成分发生过于剧烈的改变，可能会导致一系列的连锁反应，使生态平衡遭到破坏。比如，英国人不经意地带到澳大利亚的兔子对当地的生态系统造成了极大的破坏。人为产生的某种化学物质或某种化学元素如果过多地超过了自然状态下的正常含量，也会影响生态平衡。科学家们发现，全球变暖的主要元凶就是工业生产排放的二氧化碳。

探索风向标　　生态系统怎样维持其平衡

假说猜猜猜　　生态平衡是众多生物共同作用的结果。

信息搜搜搜

到图书馆或上网搜集关于食物链、环境污染等方面的资料。

实验巧设计

生态系统属于一个宏观的范畴，我们通过营造一个小环境来考察生态系统是怎样维持平衡的。

材料来报到

1. 1个尽量大的玻璃瓶
2. 腐殖土
3. 10余条蚯蚓
4. 1株吊兰、几株酢浆草、一些苔藓
5. 小白菜的种子
6. 厚塑料纸
7. 凡士林
8. 橡皮圈

程序ABC

1. 将玻璃瓶洗干净。
2. 在玻璃瓶内放大约 1/3 体积的腐殖土,浇少量水保持湿润状态。
3. 在玻璃瓶内栽上吊兰、酢浆草、苔藓,并埋下小白菜的种子。
4. 把蚯蚓放进去。
5. 在瓶口处涂上凡士林。
6. 将塑料纸折叠两次,盖住瓶口,用橡皮圈套牢(一定要密闭玻璃瓶,这是实验成功的关键!)
7. 将玻璃瓶放在室内阳光充足处。

实验结果　每隔3天观察一次玻璃瓶内的变化,并记录下来。

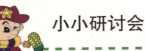

小小研讨会

1. 如果将蚯蚓放入空的玻璃瓶中并密封,结果将会怎样?
2. 为什么玻璃瓶内的生物可以存活下来?
3. 密闭生态系统保持平衡的条件是什么?
4. 你能说一说这个小的密闭生态系统内各种生物所起的作用吗?
5. 你可以自己再设计一个类似的装置吗?

头脑小风暴

1. 你能说说我们做的小生态系统与宏观生态系统相比,有什么异同点吗?
2. 生态平衡一旦被破坏,你能说说会产生怎样的后果吗?(最好用你设计的实验来证明)
3. 你对环境保护有什么好的建议?

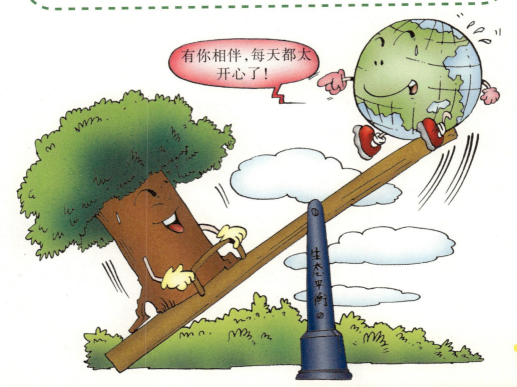

植物身体中的运河

生长在土壤中的植物有着十分发达的根系，它们扎根在土壤里，从中吸取大量的水分和无机养料，再输送到茎、叶、花、果实等部分。在高大的树木中，运送水和养分的"运河"可能长达百米。

就说说水在植物体内的运输吧。在大多数植物中，木质部是植物体内进行水分运输的主要途径。木质部通常包括管胞、导管的细胞、木质部薄壁细胞以及纤维四种细胞。研究表明，在水分的运输途径中，主要依靠蒸腾作用的拉力，使水分沿着木质部导管或管胞上升，植物的蒸腾作用越强，从导管或管胞中拉水的力量也就越大。此外，由根部与木质部的液体浓度的差异造成的根压也可以推动水向上运输。

在各类植物的木质部中，水分运输的速度差别较大，有的水流速每小时可达20～40米，有的每小时只有1～6米。在裸子植物的管胞中，水的流速每小时还不到0.6米。

探索风向标

植物的茎通过什么样的结构运输水分

假说猜猜猜

茎通过输导组织（导管）来运输水分。

信息搜搜搜

到图书馆或上网搜集茎的显微结构及其他关于茎的资料。

实验巧设计

我们无法通过肉眼来直接观察，于是用有色的染料来标记以便观察。

材料来报到

1 新鲜的柳枝（带叶）
2 红墨水

仪器齐上阵

1 1个水杯
2 1把锋利的小刀

使用小刀时要注意不要划伤手。

程序ABC

1. 用小刀切去柳枝末端并观察横切面。
2. 将此柳枝迅速放到盛有稀释红墨水的水杯里。
3. 在阳光下照射几个小时。
4. 取出柳枝，用小刀切去末端，观察横切面。
5. 再从此柳枝末端切下 1 小段茎，纵向剖开，观察纵剖面。
6. 柳枝浸入稀释的红墨水中 2~3 天，再观察整个柳条。

柳枝

稀释的红墨水

实验结果 将观察的结果记下来。

小小研讨会

1. 将横切面和纵切面的观察结果结合起来，你能描绘一下茎运输水分的结构是什么样的吗？

2. 茎和叶的运输管道是相通的吗？为什么？

3. 结合你搜集的资料，你能说说茎的运输组织有什么样的结构特点吗？

头脑小风暴

1. 茎的运输组织除运输水分外，还可以运输什么物质？

2. 单子叶植物和双子叶植物的茎有什么区别？

3. 植物的茎还有什么功能呢？

树怕剥皮

俗话说，树怕剥皮，只要把树的皮剥光，它很快就会死去。这是为什么呢？在树皮中有一种特殊的管状结构，它的主要功能是传输有机养料。这种管状结构叫筛管，它由一系列长筒形的、中空且两端的壁形成筛板的细胞连接而成。筛管位于植物的韧皮部，自上而下运输有机物。在植物体内，水和无机盐主要由导管运输，有机营养物质的运输就要靠这些筛管了。植物的根、茎、叶都有筛管，并且是贯通的。筛管可以双向运输物质，一般以运输有机物为主，主要是蔗糖，还包括运输植物激素和钾离子等无机离子。

剥了皮的树，筛管必然被破坏掉了，植物也因此无法运输有机营养物质。路过那些树皮受到损伤的小树时，你能听到轻微的呼救声吗？

探索风向标

植物体内有机物的运输

假说猜猜猜

植物体内有机物的运输是通过韧皮部的筛管进行的。

信息搜搜搜

到图书馆或上网搜集外界条件对有机物运输的影响及作物高产与有机物运输的关系。

实验巧设计

通过环割法来观察有机物的运输。

材料来报到

1 棵果树（如桃树）

仪器齐上阵

1 把锋利的小刀

安全小贴士

使用小刀时一定要注意切勿划伤手。

程序ABC

1 找一棵桃树，选择其中一根生长旺盛的枝条，用小刀剥去一圈树皮，露出枝条的木质。

2 一段时间后，观察伤口处的现象。

3 一段时间后我们会发现，在割口的上部会有一圈膨大。

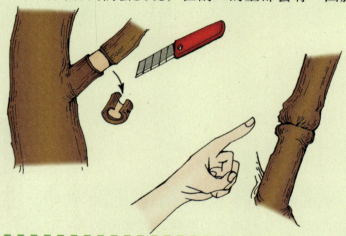

实验结果

由于枝条被我们环剥后阻断了有机物的运输，因此，枝条上部产生的有机物不能继续向下运输，在环剥处就产生了有机物的积累，也就产生了膨大。

小小研讨会

1 夏天时，果农常在果树的树干下部剥去一圈树皮，你知道这是为什么吗？

2 有时你会在野外看到一些树龄较大的树木，它们的植株上往往也会有这种类似的膨大，你知道这是怎样形成的吗？

头脑小风暴

其实，这并不是有机物积累形成的，而是植物体在遇到异常的现象如雷击或虫害时，机体发生损伤，机体在修复的过程中，细胞过度增殖形成的。由此可见，这更类似于人类的"肿瘤"。

难怪我的腰不灵活了，原来长肿瘤了。

种子打呼噜

　　动物和植物都能够呼吸，植物的种子也会呼吸吗？答案是肯定的，只要是还有生命力的种子，就会呼吸。新收获的种子也会像我们一样"发热"、"出汗"和"喘气"，因为它们也会呼吸。种子呼吸是指，种子内的组织在酶的参与下将贮藏物质进行一系列的氧化分解，同时释放能量的过程。

　　在通风良好的情况下，种子会进行有氧呼吸，它们吸收氧气，使种子内的营养物质发生氧化，产生二氧化碳、水和大量的热。有氧呼吸过强会过多消耗种子中的营养成分，同时，在种子内大量堆积的水和热量也不利于种子的安全储藏。在通风不良而缺氧的情况下，种子会进行缺氧呼吸，在产生二氧化碳和少量的热的同时，会生成较多的乙醇即酒精，后者会使种子丧失发芽能力。

　　要保管好种子，就要对种子的呼吸进行必要的调控。如果把种子贮藏在低温、干燥的地方，强迫种子休眠，它的呼吸作用就会微乎其微，养分消耗也很少。科学家发现，将种子储藏在无氧或低温干燥的地方，会大大延长种子的寿命。

探索风向标

植物种子是否
进行呼吸作用

假说猜猜猜

种子是生命有机体，也能进行呼吸作用。

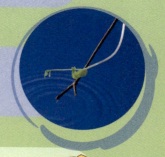

信息搜搜搜

到图书馆或上网查找植物种子的相关资料。

实验巧设计

呼吸作用消耗大量的有机物，在产生能量的同时也产生大量的热量，通过感知种子温度的升高便可证明呼吸作用的存在。

材料来报到

1. 少量的小麦种子
2. 磨口瓶
3. 带孔的软木塞
4. 温度计

程序ABC

1 将小麦种子装进磨口瓶。

2 用软木塞塞紧瓶口，把温度计插在小孔里，用凡士林涂抹封闭。

3 隔一段时间记录一次瓶内温度的变化。

4 通过比较不同时间的温度我们发现，随着时间的延长，瓶内的温度逐渐升高。

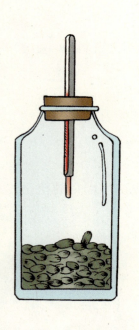

实验结果

　　呼吸作用在产生能量的同时也放出热量，导致种子的温度升高，由于瓶子密封，热量不能散发，因而导致瓶内温度升高。

小小研讨会

研究表明，呼吸作用在有水分和氧气的情况下大大加强。通过上面的小实验我们知道在储藏种子时，如果种子没有被完全晒干或没有密封，呼吸作用会增强，从而使粮食的温度升高，导致霉变。

头脑小风暴

已知温度的增加能进一步导致种子更强的呼吸作用，那么，做好屯粮仓库的通风工作有什么意义？

寒冷带来好收获

　　农民们早就发现，如果把萌发的冬小麦种子装在罐中，放在冬季的低温"闷"40~50天后，到春季再播种，可以获得跟秋天播种同样的收成。1918 年德国植物学家加斯纳发现，黑麦有冬性和春性之分。春黑麦不需要经过低温时期就可以抽穗，可以在春天播种。而冬黑麦则需在发芽前后经过一段低温时期才能抽穗，必须秋播。

　　生物学家经过进一步研究发现，造成这一现象的原因是，冬小麦等冬性植物必须经历一段时间时持续低温，才能由营养生长阶段转入生殖阶段生长，到第二年夏天开花结果。冬性植物如果不经过低温处理直接在春季播种，往往只长茎、叶而不开花，或花期延迟。但如果将秋季已经萌发的种子经过一定时间的低温处理，到春天再播种，也可以正常地开花结果，效果和秋播一样。

　　这就是我们将要探究的春化作用。

探索风向标
春化作用

假说猜猜猜

植物必须经过春化作用（低温）才能开花。

信息搜搜搜

到图书馆或上网查找春化作用对农业生产的影响。

实验巧设计

　　我们种植两株需要春化作用才能开花的植物，其中一株给予低温处理，另一株作为对照，观察结果。

材料来报到

2株芹菜

仪器齐上阵

1 温室
2 1根橡皮管
3 自来水

程序ABC

1. 将2株芹菜种植在高温温室内。
2. 其中1株的茎部顶端用橡皮管缠绕起来，将橡皮管与自来水龙头连接。
3. 每天向橡皮管通5个小时左右的自来水，连续20天左右。
4. 继续培养，观察2株植物的开花情况。

实验结果

过一段时间，我们发现，经过低温处理的芹菜开了花，而对照株却没有开花。

小小研讨会

实验株植物经过低温处理，完成了春化作用，所以能够开花。从这个实验我们也可以发现，低温处理只需要植株的某一部分发生即可。一般来说，植物感受低温的部位是茎尖的生长点，这也是我们为什么用橡皮管缠绕芹菜茎部顶端的原因。

头脑小风暴

春化作用对植物适应环境有什么意义？

若非一番寒彻骨，哪得面包如此甜。

光周期之谜

　　20世纪20年代，美国生物学家加纳和阿拉德发现了两个很难解释的现象。一个现象是：一种名为马里兰猛犸象的烟草品种，在夏季可以长到3~5米高，但就是不开花；而这个品种在冬季的温室里，长到不到1米高的时候就可以开花。另一个现象是：在春季的不同时间，分别种下某个大豆品种，结果不同批次都在夏季的同一时期开花。

　　这两个现象说明，植物会在特定季节开花。是什么环境因素决定了花期呢？主要是是温度和光照长度。他们发现，只有当日照短于14小时，烟草才开花，不然就不开花。类似地，冬小麦、菠菜、萝卜、豌豆、天仙子等许多植物的开花期也与日照长度相关。他们认为，光照周期，也就是一天中白昼与黑夜的相对长短的交替变化，影响到了植物的生长周期，并将这种现象称为光周期现象。许多植物开花具有明显的季节性，同一品种在不同纬度地区的开花期呈现出有规律的变化，都是因为受到光周期的影响。除开花外，块根、块茎的形成，叶的脱落和芽的休眠等也受到光周期的控制。

　　光周期现象表明，光不仅能参与光合作用，还可以作为环境信号调节植物的生长过程。

探索风向标　光周期

信息搜搜搜

到图书馆或上网搜集光对植物生长发育和生殖发育的影响；光敏色素。

实验巧设计

　　利用短日植物如苍耳来观察光周期诱导的特点（短日植物是指植物随日照时间缩短而开花）。

材料来报到　　　　　**仪器齐上阵**

　4 株供实验用的苍耳

1　暗室

2　1 只 100 瓦的灯泡

程序ABC

1. 首先布置一间暗室，并且按照每天点亮灯泡 17 个小时的标准进行照明。

2. 将 4 株苍耳分为两组，做好标记。

3. 每一组都将其中的一株掐去多余叶子，只留一片叶子。

4. 将这两组植物放入暗室培养。

5. 将其中一组在某一天给予 14 小时光照和 10 小时黑暗后，再放回暗室培养。

6. 继续培养，注意观察哪一株植物开花。

实验结果

我们会发现，给予 14 小时光照和 10 小时黑暗的 2 株苍耳会开花。

小小研讨会

上面的结果说明：

1. 短日植物给予短日照就会开花，而且不一定要很多天，这因植物种类而异，从实验可以看出苍耳只需一次。

2. 感受光周期的部位是叶片，而且不需要全部叶片，一片即足以完成光周期的诱导作用。

头脑小风暴

如果我们换成长日植物如油菜来做光周期的实验，请你来设计一下。

种子如何萌发

种子萌发就是我们常说的种子发芽，是种子的胚长成幼苗的过程。种子萌发的前提是具有健全的发芽力，并已解除休眠期。种子的萌发需要适宜的温度、一定的水分、充足的空气。

种子萌发时，首先需要吸收水分。休眠的种子含水量一般只占干重的10%左右。种子必须吸收足够的水分才能启动一系列酶的活动，开始萌发。其次，空气也必不可少。在萌发过程中，只有不断地进行呼吸，才能得到能量，保证生命活动的正常进行。最后，温度要适宜。温度过低，光合作用大大减弱，呼吸作用受到抑制，光合生产率降低；温度过高，种子中的水分丧失过多，也会失去活力。种子内部营养物质的分解和其他一系列生理活动，都需要在适宜的温度下进行。

一般种子萌发和光线关系不大，无论在黑暗或光照条件下都能正常进行，但有少数植物，如黄榕、烟草和莴苣的种子，需要在有光的条件下，才能萌发。

探索风向标 　种子发芽的外界条件

假说猜猜猜

种子发芽需要空气、水和温度。

信息搜搜搜

到图书馆或上网查找有关种子发芽的资料。

实验巧设计

通过对照实验来验证空气、水、温度是种子发芽必需的外界条件。

材料来报到

1 2个水杯（最好是透明的，便于观察）

2 2根筷子

3 细线若干条

4 6颗饱满、完好、成熟的玉米种子（也可选用其他较大的易发芽的种子）

实验仪器

冰箱

程序ABC

1. 如下图，将玉米种子用细线捆在筷子上，每根筷子绑3颗，并间隔一段距离。

2. 将2根筷子分别放到2个杯子里，往水杯内加入清水，水必须刚好淹没第二颗种子的一半。

3. 将其中一个杯子放入冰箱内，我们把这个杯子命名为 B 杯，另一个杯子放到阳台上，命名为 A 杯。

4. 每隔2天给2个杯子换一次水（注意水位只能淹到第二颗种子的一半），直到种子发芽。

5. 观察现象。

实验结果　　　将种子的发芽情况 填入表中

	A 杯	B 杯
空气中的种子		
水面的种子		
水中的种子		

小小研讨会

1. A杯里空气中的种子与A杯里水面的种子比较说明了什么？

2. A杯里水中的种子与A杯里水面的种子比较说明了什么？

3. A杯里水面的种子与B杯里水面的种子比较说明了什么？

头脑小风暴

1. 种子发芽所需的外界条件对播种有什么启发？

2. 你能说出南北方的种子发芽所需外界条件的差异吗？

3. 怎样保存种子使其不发芽呢？

4. 月亮上为什么没有生命？

有趣的叶脉

你见过芭蕉扇吗？那是用芭蕉叶制作的一种扇子，在芭蕉扇的扇面上我们所看到的凸起的脉络就是叶脉。实际上，我们随便捡起一片树叶，都可以看到这种肋状的管形结构——叶脉。

叶脉究竟有什么用呢？在植物的茎中，有一种跟我们的血管类似的维管束，专门负责各种物质的运输。叶脉就是茎中的维管束在叶片里的分枝。这些维管束经过叶柄分布到叶片的各个部分。位于叶片中央大而明显的脉，称为中脉或主脉。由中脉两侧第一次分出的许多较细的脉，称为侧脉。从侧脉发出的、比侧脉更细小的脉，称为小脉或细脉。细脉纵横交错，将叶片分为很多细小的部分，每一小块都有细脉的脉梢伸入。就这样，遍布叶片的叶脉构成了叶片内的运输通道。

走进大自然，拾起一片树叶，就可以好好地欣赏叶脉的神奇与美丽了。我们还可以通过别具匠心的制作，让叶脉跃出叶面，轻轻地舞动起来。

探索风向标

植物叶脉的类型以及
植物叶脉书签的制作

信息搜搜搜

到图书馆或网上搜集叶脉
在植物运输物质过程中的作用。

实验巧设计

采用简单的方法将
叶肉破坏，得到叶脉，经
过染色制成漂亮的书签。

材料来报到

1	几片你喜欢的植物叶片
2	50 克洗衣粉
3	靛蓝（或其他染料）
4	少许水

仪器齐上阵

1	酒精灯
2	铁架台
3	石棉网
4	500 毫升烧杯
5	筷子
6	彩色的丝线

程序ABC

1 在烧杯中加入500毫升水和50克洗衣粉，搅匀，在酒精灯上煮沸。

2 将树叶投入煮沸的液体中，用筷子搅拌，使叶肉脱落。

3 关掉酒精灯，待液体冷却，将叶脉捞出，用清水轻轻漂洗。

4 放进加有染料的染液中染色，过一会儿捞出，晾干。

5 在叶柄部位拴上彩色的丝线，这样，一个漂亮的书签就做好了。

实验结果

把漂亮的书签夹到你喜欢的书里，永久保存吧！

小小研讨会

提醒一下大家，在做叶脉书签之前，一定要仔细观察一下不同叶脉的形状，看一下单子叶植物和双子叶植物叶脉的异同。

另外，大家仔细考虑一下为什么叶肉比叶脉容易软化脱落掉呢？

头脑小风暴

1 叶脉的形状和叶片的形状有关系吗？

2 观察野外生长的以下 4 种植物：杨树、桃树、蓖麻和向日葵，分辨哪几种属于羽状网脉，哪几种属于掌状网脉。

大海航行靠舵手，我们伸展靠叶脉。

树叶的形状

在大自然的画板中，树叶的形状千姿百态。捡起飘落在路边和公园里的树叶，把它们洗净晾干，你就可以做一个自己的树叶标本集了。根据树叶形状的不同，你可以大致地做一个分类：

针形——叶片细长，顶端尖细如针，横切面呈半圆形，如黑松；横切面呈三角形，如雪松。

披针形——叶片长为宽的4~5倍，中部以下最宽，向上渐狭窄，如垂柳；若中部以上最宽，向下渐狭，则为倒披针形，如杨梅。

长圆形——叶片长为宽的3~4倍，两侧边缘略平行，如枸骨。

椭圆形——叶片长为宽的3~4倍，最宽处在叶片中部，两侧边缘呈弧形，两端均等圆，如桂花。

卵形——叶片长为宽的2倍或少，最宽处在中部以下，向上渐狭，如女贞；如中部以上最宽，向下渐狭窄，则为倒卵形，如海桐。

圆形——叶片长宽近相等，形如圆盘，如猕猴桃。

条形—— 叶片长而狭，长为宽的5倍以上，两侧边缘近平行，如水杉。

扇形—— 叶片顶部甚宽而稍圆，向下渐狭窄，呈张开的折扇状，如银杏。

鳞形——叶片细小，呈鳞片状形，如侧柏。

探索风向标

叶片形状的奥秘

假说猜猜猜

　　植物叶片的形状是植物适应环境的结果，自然界若存在圆形或长方形的叶片，那么在下雨的时候很容易折断。

信息搜搜搜

　　到图书馆或上网搜集叶片的形状和叶片对外界环境的适应。

实验巧设计

　　我们可以利用纸片模仿叶片，用细水流模仿雨水，观察不同叶片的形状在雨中的情况。

材料来报到

几张白纸

仪器齐上阵

1 1把剪刀

2 1根塑料管

程序ABC

1. 将白纸分别剪成椭圆形、心形、圆形和长方形，模拟不同形状的叶片。

2. 打开水龙头，让水缓慢地流出，用手拿着剪好的纸片，将水用塑料管引至纸片上，观察现象。

3. 将自己的实验结果记录下来。

实验结果

叶片形状	观察结果
心形	
椭圆形	
圆形	
长方形	

小小研讨会

我们看到，随着小水珠的增加，水珠不断地从椭圆形或心形纸片的尖缘处流下，纸片上没有积水；而圆形和长方形的纸片上的水珠并不马上流下，而是在纸片上积聚很多，这样有可能会将纸片压弯。同样的道理，如果是树叶的话，就会压断树叶，而且叶面上的积水也会影响叶片的生理活动。

观察一下野外植物叶片的形状，并试着将它们分成几类，如针形、线形、披针形、椭圆形、卵形、菱形、心形和肾形等。

头脑小风暴

1 从上面的小实验看出叶片的形状是叶片适应外界环境的结果，你能说出为什么沙漠中生长的仙人掌的叶片退化成刺吗？

2 叶面的积水影响植物叶片的哪些生理活动？

谁为花瓣染色

　　走进植物园，看到那些白色、黄色、红色、蓝色、紫色、橙色的花朵，你一定想过，谁为它们染上了这些五彩缤纷的颜色呢？

　　植物学家告诉我们，植物的花和果之所以呈现出各种颜色，是因为花和果中含有花青素和胡萝卜素。花青素是构成花瓣和果实颜色的主要色素，它是一种可以溶于水的色素，细胞液呈酸性时偏红，细胞液呈碱性时偏蓝。

　　如果花瓣含有花青素，开出的就是红、蓝或紫色的花。花瓣中的花青素遇到酸变红，遇到碱变蓝。可以拿一朵喇叭花来做个试验，把红色的喇叭花泡在肥皂水里，因为肥皂是碱性的，它很快就变成蓝色。再把这朵蓝色的花放入醋里，它会恢复为红色，因为醋是酸性的。

　　还有一些花的颜色是黄、橙黄或橙红色，它们的花瓣所含的主要色素是胡萝卜素。胡萝卜素因为最初在胡萝卜里发现而得名，共有60多种，因此，含有胡萝卜素的花也是五颜六色的。

　　在白色的花瓣中，什么色素也没有。白色花瓣看来是白色的，是因为花瓣里充满了小气泡。摘下一朵白花，用手捏花瓣，里面的小气泡被挤掉后，就变成无色透明的了。

　　在色彩变幻的花瓣中，有着无数的奥秘等着我们去探索。

探索风向标

影响花的颜色的有机色素——花青素的颜色变化

假说猜猜猜　花青素随着酸碱度的不同呈现不同的颜色。

信息搜搜搜
到图书馆或上网搜集影响花儿颜色的色素。

实验巧设计

　　我们可以采取一定的方法从植物的花中浸提出花青素，然后在不同酸碱度的溶液中观察它的颜色变化。

材料来报到

1. 几朵植物的花（如月季花）
2. 酒精
3. 水
4. 盐酸
5. 石碱溶液

仪器齐上阵

1. 研钵
2. 1小块纱布
3. 几只小烧杯（用来盛上述几种液体）

程序ABC

1. 将采集到的花放进研钵，加入适量酒精研磨。

2. 将研磨得到的液体用小纱布过滤，收集液体。

3. 放置几分钟，让酒精慢慢地挥发。

4. 向其中加入少许水，我们就得到花青素溶液（注意观察此时溶液的颜色）。

5. 将溶液分成几部分，分别滴加盐酸和石碱，观察颜色的变化。

实验结果

我们很容易发现，花青素在水中呈现淡红色，当滴加盐酸使溶液的酸碱度变小时，花青素呈深红色，甚至紫色；而滴加石碱溶液，花青素呈墨绿色。

小小研讨会

　　爱思考的同学可能会问：为什么用酒精来研磨花呢？这是因为，我们想要得到的是花青素，它是一种有机色素，更容易溶解在有机溶剂中，酒精恰好是有机溶剂的一种，因此我们采用它来提取花青素。

制作简易试纸

　　如果你有兴趣，可以利用我们浸提的花青素溶液来制作简易的酸碱试纸，它的制作方法特别简单，只需将剪好的细长的小滤纸条浸入花青素溶液中片刻，取出晾干即可。你可以用它来测量身边液体的酸碱度。

头脑小风暴

　　为什么有的植物的花（如牵牛花）早上、中午和晚上会有不同的颜色？

别看她是我们的头，她的脸色还得看我们哥俩的。

树的年轮

观察一下原木的横截面，我们可以看到一圈一圈的年轮，那是岁月在生命中留下的痕迹。观察一下我们家里的木制家具，不难发现木材的纹理主要是由树的年轮造成的。在亚里士多德时代，人们已经注意到年轮，但直到达·芬奇时代才第一次指出年轮一般是一年一圈。年轮形成的主要原因是树在不同的季节生长情况不同。

年轮反映了树的生命过程。在春季和夏季，气温、水分等环境条件较好，树生长较快，形成的木质部比较疏松，颜色较浅。在秋季和冬季，气温、水分等环境条件比较恶劣，形成的木质部比较质密，颜色较深。如此周而复始，就在树的主干里生成了一圈又一圈深浅相间的环，每一环就是一年增长的部分。年轮在针叶树中最显著，在大多数温带落叶树中不明显。生长在热带或亚热带地区的木本植物，如桉树等，由于四季区别不明显，难以看出年轮的分界线。

有时树在一个生长季中可能出现两个或多个生长轮，即双轮或复轮。有些植物由于受到气候的骤变，如变冷或转热，或长期干旱或虫害，以及强台风的侵袭等特殊自然灾害的影响，也会出现多年轮的现象。

年轮还记载了与树的成长息息相关的大自然的变化过程。通过对年轮的分析，可获得数百年乃至上千年的气候演变规律，还可以读出太阳黑子活动的历史，甚至揭示出地球环境变化的历程。

探索风向标
木本植物的年轮

假说猜猜猜　　从植物的年轮我们可以知道许多现在和以前的有关气候、环境等方面的信息。

信息搜搜搜

到图书馆或上网搜集有关古植物学的知识。

实验巧设计

观察几种常见高大乔木的年轮。

材料来报到

1. 刚砍伐的道旁树墩
2. 超市里的木质砧板

程序ABC

观察几种你能找到的树墩的年轮，并试图分析它们的特点，比方说哪一年雨水充足，适合植物生长等。

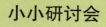

小小研讨会

将你的发现讲给同学听，并听取一下他的意见。

如果有可能，到地质馆观察一下具有年轮的树木化石，并和同学讨论一下它的形成过程。

百缠千绕的藤本植物

在植物世界中,有一类植物由于茎特别细长,因而不能直立,只能依附在树或墙等其他物体上生长。它们就是藤本植物,又称攀缘植物,常见的有葡萄、牵牛花等。不用攀爬它物,藤本植物也可以在地面上迅速蔓延,占据较大的区域。藤本植物一直是园林绿化中常用的植物,利用它们进行垂直绿化是拓展绿化空间、改善生态环境的重要手段。

根据攀爬方式的不同,藤本植物分为缠绕类、卷须类、依附类等种类。缠绕类藤本植物需要可供它们缠绕的物体,它的新生枝条会在生长过程中缠住支撑物,如猕猴桃、九重葛、牵牛花、忍冬等。具有卷须的藤本植物需要细线、铁丝或窄小的支撑物供其抓握,如铁线莲、西番莲和葡萄树等。依附类藤本植物会把它们的气根扎进实心物体的最细小的缝隙之中而不断生长,如凌霄花和扶芳藤等。它们会破坏那些不太结实或需要粉刷的砖墙,但对十分结实的墙壁影响不大。

藤本植物是怎么生长的呢?让我们先来看看牵牛花是怎么长高的吧。

探索风向标 藤本植物的长高

假说猜猜猜

藤本植物通过缠绕茎、卷须、吸盘、气生根等各种结构攀附着其他物体向上生长。

信息搜搜搜

到图书馆或上网查找茎按照生长方式的分类，以及缠绕茎的缠绕方式。

实验巧设计

通过实地考察和亲自动手来了解植物茎的生长方式。

材料来报到

几粒牵牛种子

实验仪器

1 2 只花盆（施适量花肥）

2 1 根细长的木棍

程序ABC

1. 将牵牛种子播种在2个花盆里，勤浇水。

2. 等牵牛幼苗长到5厘米左右的时候，其中的一盆插上小木棍，并将牵牛幼苗的茎尖拉到小木棍上；另外一盆牵牛幼苗这样处理：将几株的茎互相缠绕在一起。

3. 每天注意这两盆牵牛的生长，观察茎的生长方式。

4. 在这几天里，在父母或老师的带领下到学校或公园里认识一下葡萄、黄瓜、牵牛、爬山虎和常青藤这几种植物，看看它们的茎是怎样生长的。

实验结果

　　我们会发现插有小木棍的牵牛沿着小木棍缠绕着生长，而没有小木棍的那一盆牵牛则几株互相缠绕着生长。

通过上面的实验和户外的观察，我们发现：有的植物（如牵牛）是靠茎的缠绕长高的，被称为缠绕茎植物；有的植物（如葡萄、黄瓜）是靠茎上的卷须攀援他物长高的；有的植物（如爬山虎）是靠茎上的吸盘吸附在建筑物的表面长高的；还有的植物（如常青藤）是靠气生根长高的，后三种植物被称为攀缘茎植物。

小小研讨会

头脑小风暴

1. 通过野外观察，列举你发现的草本的藤本植物。

2. 你能说出有些植物的茎上有倒刺的原因吗？

3. 除了直立茎植物和藤本植物外，你还知道别的种类茎的植物吗？

哥们儿，快点爬，爬得越高，我的喇叭就吹得越高明(鸣)。

话说顶端优势

　　每年夏天，都可以看到工人们会将行道树长得高的枝干锯掉，这是为什么呢？这还得从植物的顶端优势现象说起。

　　什么是顶端优势呢？植物在生长发育过程中，顶芽和侧芽之间有着密切的关系。顶芽旺盛生长时，会抑制侧芽生长。如果由于某种原因顶芽停止生长，一些侧芽就会迅速生长。这种顶芽优先生长、抑制侧芽发育的现象叫作顶端优势。

　　在实践中，人们常用消除或维持顶端优势的方法控制蔬菜作物、果树和花木的生长，以达到增产和控制植株生长形状的目的。运用"摘心"、"打顶"等方法，可使植物多分枝、多开花。其中，"打顶"方法就是消除主干的顶端优势，以促使侧芽萌发、增加侧枝数目，或促进侧枝生长。通过"打顶"，可使果树长出更多可以结果的侧枝，让行道树长出更多遮荫的侧枝，还可以让茶树和桑树长出更多生长在较低部位的侧枝，以便于采摘。有些化学药剂可以消除顶端优势，增加侧芽生长，提高农作物产量，这种方法称为化学去顶。

探索风向标 植物的顶端优势及去除

假说猜猜猜

顶芽是抑制侧芽生长的主要部位，摘除顶芽可解除顶端优势。

材料搜搜搜 到图书馆或上网查找顶端优势在农业上的应用。

实验巧设计

栽培一株植物幼苗,先观察顶点生长;摘除顶端后,观察侧芽的生长。

材料来报到

菜豆种子

仪器齐上阵

1 花盆（带有花肥）

2 皮尺

1. 将菜豆种子播种在花盆里，放在阳光充足、通风条件好的地方使其萌发。

2. 菜豆萌发后，观察顶芽和侧芽的生长情况，并用皮尺测量每天顶芽和侧芽生长的长度，作好记录。

3. 待菜豆幼苗长至第五节时，将第三节以上部分摘除，观察并记录每天顶芽和侧芽生长的长度。

实验结果

将自己的实验结果记在下表中

天数		3	4	……	摘除顶芽后	1	2	3	4	……
顶芽长度										
侧芽长度										

小小研讨会

从实验结果我们可以看出，摘除顶芽前，由于顶端优势的存在，顶芽的生长速度要远大于侧芽；摘除顶芽后，侧芽的生长速度显著加快。这说明影响侧芽生长的物质存在于植物的顶端，科学研究表明，植物激素在顶端优势的维持上起着重要的作用。植物激素，又称为植物荷尔蒙，它是存在于植物体中的微量物质，植物激素对调节植物的生长发育起着十分重要的作用。植物激素包括生长素、细胞分裂素、脱落酸等。

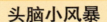

头脑小风暴

1. 顶端优势对植物有什么益处？

2. 棉农在种植棉花的过程中，需要经常给棉花"打杈"，你知道这是为什么吗？

3. 有些植物顶端优势不明显，你能举出一个例子吗？

细胞分化中的极性

虽然一株植物中的每一部分都来自同一个受精卵，但在同一棵树上没有两片完全相同的树叶。这是由植物细胞分化中的极性现象造成的。所谓极性，是指在植物的器官、组织、甚至单个细胞中，在不同的轴向上存在的某种形态结构以及生理生化上的梯度差异。如一段枝条可以分为根部和顶部，而顶部可以继续分化向上生长等。

由于极性的存在，细胞分裂形成的两个最初相等的子细胞所处的细胞质环境是不同的，从而造成了细胞的不同分化。极性使不同细胞得以定向和定位，按照一定的方向生长。极性在很大程度上决定了细胞分裂面的取向，而在一个器官的发育中，细胞分裂面的取向对于决定细胞的分化有着重要的作用。

一般来讲，植物细胞分化中的极性一旦建立，就很稳定，很难使之逆转。下面，我们就来做个实验，看看这个说法是否经得起检验。

探索风向标 植物的极性

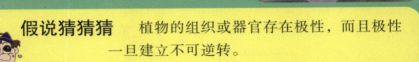

假说猜猜猜 植物的组织或器官存在极性，而且极性一旦建立不可逆转。

信息搜搜搜 到图书馆或网上查找植物激素对植物细胞分化的影响。

实验巧设计

利用植物的一段茎可以在基部和茎尖部位发育出根和茎来证实植物的极性。

材料来报到	仪器齐上阵
2 段杨树的短茎	几根细绳

程序ABC

1️⃣ 采集 2 段杨树的短茎，两端斜切口；给每段短茎的茎尖部和基部做好标记。

2️⃣ 将短茎用细绳悬挂在潮湿的空气中，其中 1 段基部向上，另 1 段茎尖部向上。

3️⃣ 过几天观察这 2 段悬挂的短茎的生根和发芽情况。

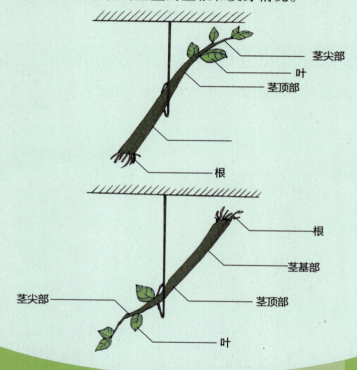

实验结果

　　我们发现，无论基部向上，还是茎尖部向上，短茎的基部总是长根，茎尖部总是发芽，而且越往下，根越长；越往茎尖，芽越长。

小小研讨会

为什么悬挂的短芽无论是正挂还是倒挂都在基部长根,茎尖部发芽?

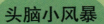

头脑小风暴

采集同样的两段短茎,将其中一段的基部,另一段的茎尖部插入盛满湿润细沙的花盆中,会发生什么现象?试着给出解释。

你看我,头可以长出尾,尾也可以长出头来,而你呢?

神奇的营养繁殖

　　找一小块生姜，把它埋在沙里，适当地加点水，过几天居然能够长出新姜芽来。这就是营养繁殖。生物学家认为，营养繁殖就是利用根、叶、茎等营养器官繁殖后代。在自然界，营养繁殖现象十分常见。由于一些植物的营养器官具有再生能力，在脱离植物体后，它们可以长成一株新的与母体相同的植物，进行如马铃薯的块茎、竹子的根茎等。

　　在农业和园艺中，人们会选取植物的一部分繁殖，这就是人工营养繁殖。常见的人工营养繁殖的方法有压条、扦插、嫁接、组培等。很多无法用种子繁殖、或者用种子很难繁殖的植物，可以通过营养繁殖实现。在果树栽培中，为了保持果树的优良性状，往往通过营养繁殖来培育果树。

探索风向标
植物的营养繁殖

假说猜猜猜

　　植物除利用种子繁殖外，还能利用营养器官——根、茎、叶等繁殖新的植物体。

信息搜搜搜

　　到图书馆或网上查找观赏植物的插花培养，无土快繁技术。

实验巧设计

　　利用几种常见植物的营养器官来繁殖新的植物体。

材料来报到	实验仪器
1 草莓的一块茎	3 个盛满湿润
2 白杨的一小段不定根	细沙的花盆
3 落地生根（又称"灯笼花"）的一片叶子	

程序ABC

1. 将白杨的一小段不定根埋入细沙中，浇水，放在室内凉暗处，经常观察、浇水。

2. 将草莓的匍匐茎的基部插入湿润的细沙中，将花盆放在阴凉通风处，经常观察、浇水。

3. 将落地生根的叶子放在湿润的细沙中，并稍微覆一点土在叶的边缘，将花盆放在阴凉通风处，经常观察、浇水。

實驗結果

　　1周左右我們會發現：白楊的不定根上萌發了一些頂芽，繼續培養，每一個頂芽發育成莖，進而發育成完整的植株；草莓的匍匐莖上長出了許多不定根，從而這一段草莓莖成活，發育成根、莖、葉完整的植株；落地生根的葉緣處生出許多不定根，從而使植株成活。

小小研讨会

通过以上几个小实验我们知道，植物的营养器官也可以繁殖后代，这就扩大了植物的繁殖后代的能力，提高了植物的适应性。对我们人类来讲，利用好植物的这一特性，可以使我们更好地改良植物品种，对果树栽培等有重要的意义。

头脑小风暴

1 本实验中利用的是植物自然营养繁殖的例子，你知道人工营养繁殖的方法吗？

2 你吃过一种叫苹果梨的水果吗？你知道它是怎样繁殖出来的吗？

3 你知道扦插吗？扦插是利用植物的什么营养器官来繁殖的？

图书在版编目（CIP）数据

解码绿色世界 / 段伟文主编. —北京：科学普及出版社，2015
（少年科学DIY）
ISBN 978-7-110-08639-1

Ⅰ. ①解… Ⅱ. ①段… Ⅲ. ①生物学—青少年读物
Ⅳ. ①Q-49

中国版本图书馆CIP数据核字（2014）第106024号

主　　编　段伟文
作　　者　段伟文　　李　红　　刘　畅
　　　　　齐小苗　　朱明坤　　段粲超
　　　　　段子英　　朱承刚　　汤治芳
　　　　　刘新成　　段天涛
绘画设计　高　亮　　孔　前　　杨　虹

出版人　苏　青
策划编辑　肖　叶
责任编辑　邓　文
封面设计　书袋熊
责任校对　林　华
责任印制　马宇晨
法律顾问　宋润君

科学普及出版社出版
北京市海淀区中关村南大街16号　邮政编码：100081
电话：010-62173865　传真：010-62179148
http://www.cspbooks.com.cn
科学普及出版社发行部发行
北京盛通印刷股份有限公司印刷
＊
开本：720毫米×1000毫米 1/16　印张：5.25　字数：120千字
2015年1月第1版　2015年1月第1次印刷
ISBN 978-7-110-08639-1/Q·172
印数：1—10000册　定价：15.60元